看不见的闪光灯

摄影大师的用光秘诀

Gerd Ludwing

看不见的闪光灯

摄影大师的用光秘诀

The Invisible Flash: Crafting Light For Photographers in the Field

[美] 格尔德·路德维希 著 蒋斐然 译

浙江摄影出版社
全国百佳图书出版单位

MINUS 2/3 — The Invisible Flash：Crafting Light for Photographers in the Field
by Gerd Ludwig

浙江省版权局
著作权合同登记章
图字：11-2017-273号

责任编辑 程 禾
文字编辑 厉亚敏
装帧设计 杨 喆
责任校对 朱晓波
责任印制 朱圣学

图书在版编目（CIP）数据

看不见的闪光灯：摄影大师的用光秘诀 /（美）格尔德·路德维希 (Gerd Ludwig) 著；蒋斐然译 . -- 杭州：浙江摄影出版社，2019.1
ISBN 978-7-5514-1973-4

Ⅰ . ①看… Ⅱ . ①格… ②蒋… Ⅲ . ①摄影光学 Ⅳ . ① TB811

中国版本图书馆 CIP 数据核字 (2017) 第 295944 号

KAN BU JIAN DE SHANGUANGDENG

看不见的闪光灯

SHEYING DASHI DE YONGGUANG MIJUE

摄影大师的用光秘诀

[美] 格尔德·路德维希 著
蒋斐然 译

全国百佳图书出版单位
浙江摄影出版社出版发行
地址：杭州市体育场路 347 号
邮编：310006
电话：0571-85142991
网址：www.photo.zjcb.com
制版：浙江新华图文制作有限公司
印刷：浙江影天印业有限公司
开本：889 mm × 1194 mm 1/16
印张：13.5
2019年1月第1版 2019年1月第1次印刷
ISBN 978-7-5514-1973-4
定价：88.00元

目　录

纪念伊桑·霍夫曼

导 言

1989年初，我参加了曼哈顿下东区的一个摄影师同人聚会。那时我已是一名资深摄影师，娶了另一位摄影师为妻，与她育有一子——马克西姆。如人所期，在一个满是摄影师的聚会上，人人都在拍照。我的朋友伊桑·霍夫曼正同其他人一道拍着快照，可我注意到，他有些与众不同。他轻松自如游刃有余，自信地运用着机顶闪光灯*。我走到伊桑面前，称赞他的优雅，并向他坦承，尽管有多年的经验，我对闪光灯却是一窍不通，用起来也毫无信心。不得不承认，我从来没有用闪光灯拍出过一张成功的照片。圣人一般神秘莫测的伊桑对我说："今天，你只要知道，减2/3。"那时，我不解其意。一定是我的脸上写满了疑惑，伊桑才提供了证明——他用闪光灯为我与当时的妻子和儿子拍了一张合影，并承诺将照片寄给我。

© Ethan Hoffman

当周晚些时候，我在邮件里收到一张幻灯片，完全惊呆了。这张用闪

*尽管"闪光灯（strobe）"通常指摄影室闪光灯，在本书中我使用此词与"闪光灯（flash）"可为同义互换。两者都指同一事物——小型的照相机外接闪光灯或手持闪光元件。

光灯拍摄的单幅照片，何以曝光如此精准？我开始研究新近引入的通过镜头测光（TTL 测光）技术。伊桑曾向我描述过这项变革了闪光摄影的技术。TTL 的工作原理事实上技术性非常强，我简要解释如下：闪光灯发射闪光，照射在物体上，当光照到拍摄对象上时，它立即反射回照相机本身，通过镜头抵达胶片平面。到达胶片的光又弹射到一个负责测光的传感器上。曝光在胶片上不断累加的同时，传感器对胶片上的光进行测量 。传感器和软件决定何时曝光充分。在那一刻，计算机就关闭了闪光灯。记住，这一切都是以光速发生的。

当我在理论上逐渐对此有所认识，我便去了曼哈顿现已不存在的“高级照相机”商店买了一个市场上最好的 TTL 闪光灯，开始实践我所学到的东西。很快我就发现，在以自动挡的默认设置使用 TTL 闪光灯时，闪光灯输出的光亮太强。它令图像呈现出一种显而易见又了无生趣、生硬又过分的“闪光式”样貌。就算是第一代的 TTL 闪光灯，也提供了内置的设置调节，用于增加或减少闪光输出——就在那时，我明白了伊桑所说的减 2/3 的意思。

人眼有能力适应光的不同强度——从亮到暗，反之亦然——并能继续识别细节。这个过程需要片刻时间，但这种能力是毫无疑问的。我们都知道极端的例子：从明亮的日光下走进一间暗室，得花上一点时间才能看清里面的细节。摄影却向来没有这般非凡的能力。即使背景或许被环境光漂亮地照明了，置于前景中的被摄主体也可能没入阴影之中。此时，若背景在胶片上曝光准确，前景中的被摄主体就会成为剪影。就算依靠当今的数码技术，也只能将 RAW 格式文件中的阴影进行一定程度的提亮，而其效果无法与使用闪光灯之所得相提并论。在早期，我使用闪光灯主要是为了提亮照片中的阴影以取得额外的细节。我想创造一种看不见的闪光，即一种不可察觉的闪光，一种不会将注意力引向其幕后技术的闪光。果然，很快我就发现，伊桑给出的减 2/3 的配方就是一种理想的基本设置。这是一种让很多职业摄影师都感到舒适的设置，既能给予足够的闪光量又不会产生夸张的“闪光式”效果。

我迅速地开始了实验，由天花板反射闪光，再利用墙壁反弹。我也发现，一般的闪光输出比拍摄情境中的环境光要偏冷一些。它增添了一种我并不想要的冷冷的、微蓝的色调。这一发现引发了我使用滤色片来中和冷色调的尝试。

多年以来，我认识到，我能够运用闪光来强调图像中的特定区域，引导观者的注意力，制造区别，还能创造出更漂亮的光线，同时将必需设备控制在最少的数量。

鉴于我在《国家地理》的工作性质，我经常携带大量的行李（在零下温度穿着的衣服、保护装置等），因此我偏好轻量的、标准级的、安装在热靴上的闪光灯。我得使它尽可能地便于我旅行与拍摄。作为一个关注多元文化和环境故事的摄影师，我常常面对广泛的情境——从传统的街头摄影到人物肖像，从熙熙攘攘的夜店场景到教堂中的亲密时刻——其中很多都要求额外、快速而机动的照明。

随着数码摄影的到来，TTL 技术也更新至 E-TTL（评价式通过镜头闪光测光）。它运用一束预闪（裸眼不可察）来测定准确的闪光曝光量。随着技术的提升，将闪光灯从相机热靴上卸下，通过电线保持连线已成为可能，这也使 E-TTL 技术变得可行。于是，我与闪光实验、闪光作画之间的“情事”开启了新的篇章。下一步是红外发射器，它很快淘汰了电线。几年以前，E-TTL 中的红外技术又被无线电传输所取代。如今，你能够以不同的强度和极为复杂的设置（例如，穿过墙面）同时发射多次闪光。这也以“多次 E-TTL 闪光”而为人所知。

然而，这本书的目的并不是去描述这些多次闪光的设置。我的目标是启发你去创造性地使用这些紧凑的组件，并鼓励你独辟蹊径，通过自己的实验去学习。

E-TTL 闪光灯的运用为我的摄影带来的改变比数码摄影的出现更多，比 Photoshop 更多，比自动对焦更多，比高感光度更多，也比其他任何媒介的改良更多。通过实验，我已经建立起了以新颖而富创造性的方式使用闪光灯的声誉，而我有意在此之上继续改进与提升。我希望去帮助启发我的摄影师同人也这样去做。在过去，我只跟几个《国家地理》的同事和朋友，以及工作坊的学生和讲座的听众分享过这些秘密。这是第一次将这些技巧和工具出版发表。

图标说明

本书集合了部分我最知名的照片。在这些照片中，闪光灯发挥了至关重要的作用，且大部分都没有一目了然的闪光痕迹。我配上了简短的文字说明来描述照片的内容，并解释了创作所使用的闪光技巧。为了避免重复，我用图标来辅助呈现这些技巧。正如摄影的方方面面，过程变动不居，每一种技巧也就蕴含了许多种可能的变式。我鼓励所有的摄影师去实验和寻找最适合自己的技巧，以取得理想的结果。我所采用的这些技巧不应被视为准则，而是能以无数种方式组合运用的核心要素。

机顶闪光灯，正前方朝向

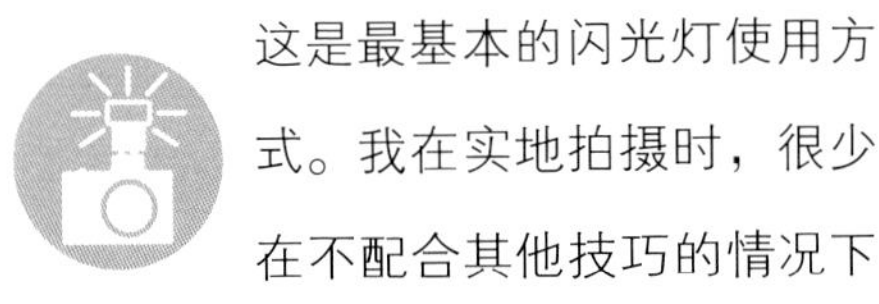

这是最基本的闪光灯使用方式。我在实地拍摄时，很少在不配合其他技巧的情况下单独使用这种方法。在没有移身之处的局促空间或忙乱情境中，在没有助手而需要我双手持稳照相机的情况下，我才会倾向于使用朝向正前方的机顶闪光灯（而非腾出一只手去掌控离机闪光灯）。

机顶闪光灯，侧方朝向

光量随距离呈指数级下降。当闪光灯朝向正前方的时候，离照相机较近的人物或被摄主体将比那些较远的拍摄对象得到更多的光量，从而造成两者之间在曝光上的巨大差别。这往往导致靠近照相机的拍摄对象严重曝光过度，或较远处的拍摄对象曝光不足，甚至两者皆是。如果在使用机顶闪光灯时将其朝向侧方，那么邻近照相机的拍摄对象获得的光量就减少了，曝光也就更为均匀（见第90页）。

离机闪光灯

此图标意即闪光灯并非安装在照相机热靴上，而是通过一根电线或红外发射器，或无线电发射器与照相机相连。这也可能意味着，在一次长时间曝光中，闪光灯可以由我、我的助手，或是我俩同时手动触发，完全不受照相机支配。使用离机闪光灯，为拍摄对象的布光带来了无限可能，也创造出造型感更佳、趣味性更强的光线。

闪光灯设置为 E-TTL（或 TTL）

此 E-TTL 图标表示闪光功率偏离了标准值。如导言中所述，我使用最多的设置是减2/3，但我时常将闪光输出进一步减少。这么做主要是为了达到无痕的闪光效果。纵然如此，在极个别情况下，我也会增加闪光输出。如各个图标所示，闪光灯一般能以1/3挡为间隔进行调整。

闪光灯设置为手动

总有一些情况是 E-TTL 技术派不上用场的。确切地说，这种情况发生在待照明的拍摄对象只占据画面一小部分的情况下（见第144页）。跟 E-TTL 的用法一样，当闪光灯设为手动时，其产出的光强是可以调整的。比如，在一次长时间曝光中，我将闪光灯手动设置在一个较低的输出值，并通过多次发射来创造均匀的照明效果（见第 94 页）。

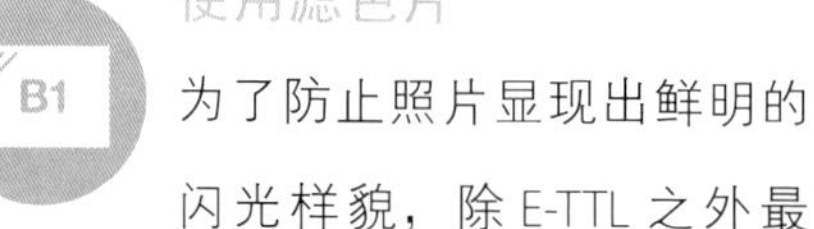

使用滤色片

为了防止照片显现出鲜明的闪光样貌，除 E-TTL 之外最重要的设备是滤色片。鉴于我经常在各式各样的室内环境光中拍摄，我便制作了一整套的小滤色片。它们能容易地经由“维克牢（Velcro）”搭扣附着在我的闪光灯上。当闪光灯的色温远比环境光要冷时（这种情况在钨丝灯下尤其常见），画面中会出现一种干扰性的“闪光式”外观。我挑选能使闪光灯与环境光近乎匹配的滤色片。我有意在这一比对中，使两者相近，而非相同。理由是环境光与拍摄对象上的光之间细微的色温差别，能将观众的注意力导向被摄主体。如此，我使用频率最高的是暖色调滤色片。尽管它们的强度以微小的单位增量进行了区分，我还是将它们分为弱（1）、中（2）、强（3）三类，如图标所示的为“弱”。数年来，我频繁地在人工照明的环境下拍摄——从酒吧到妓院，从夜店到游戏厅。在这些情况下，我通常使用彩色滤色片来融合或衬托现场光，有时候甚至会将两张不同的滤色片叠加使用。在这类图标中，“W”代表各类暖色调滤色片（草莓红、黄色、橙色，等等），“B”指代任一蓝色滤色片，而“G”指的是任一绿色滤色片。其数字与强度相符，如前所述。

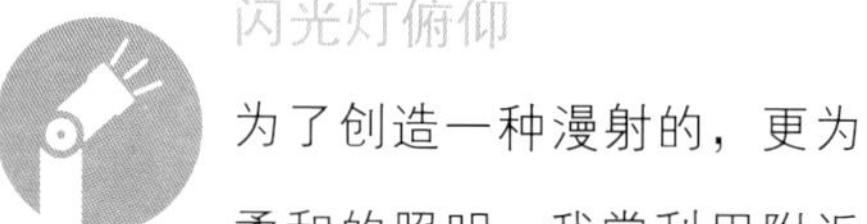

闪光灯俯仰

为了创造一种漫射的，更为柔和的照明，我常利用附近的物体表面反射闪光，以取得来自上面或侧面的大面积光源的同等照明效果。要在室内实践，最常见的做法是将闪光灯径直向上仰，对准天花板。你可以采取多种方式来对闪光灯进行俯仰调整：略微前倾，以使光线以一定的角度回来，或将闪光灯朝向你身后，让光从墙面或另一种表面反射回来。如果这个表面是有颜色的，那么反射光也会映出那个颜色。这颜色可能扰人耳目，也可能锦上添花，视情况而异。如果将闪光灯以 45 度角前倾，那么你既能获得些许直接的照明，同时也能得到部分反射光。

闪光灯加反光卡

搭配一张反光卡，就能获取来自顶部的柔和反射光（模拟天花板光源），同时也能给予少量直接的照明。我的与手持闪光灯配合使用的反光卡大小不一，从 3 英寸 x3 英寸到 8 英寸 x10 英寸。在紧急情况下，一条橡皮筋和一张折叠的白纸便能凑成临时的反光卡。

闪光灯加柔光箱

柔光箱和半球形柔光罩可用来增加光源的面积，从而柔化光线，如其名所释。它们有各种规格的形状和大小。在刚开始探索 E-TTL 技术时，我主要使用大型柔光箱。而如今，我更青睐微小尺寸，基本上都不超过一盒纸牌的大小。

闪光灯变焦

只有在想要照亮某个特定区域时，我才会变焦推近闪光灯去照射画面中的某一区块，以获得更多的阴影细节，抑或是强调在那一区域中发生的事情（见第 44 页）。

照相机设置为手动

在不使用闪光灯拍照时，我一般会将照相机设置在光圈优先模式下。在很多情况下，这一设置与 E-TTL 配合得很好。但我常常将照相机设置为手动，以使环境光稍微地曝光不足，而后再在其上添加闪光。

照相机在三脚架上

最近，为了使闪光灯作用于使用三脚架的摄影，我拓展了自己对小型闪光灯的使用。在这类例子中，曝光时间可达几分钟或更长，而我会手动触发一系列闪光来强调我的拍摄对象或增加阴影细节（有时两个目的兼有，见第 94 页）。在如今高感光度画质得到提升的基础上，我甚至凭两个小型闪光灯多次闪光就能照亮一座山顶（见第 170 页）。

照片与描述

圣彼得堡，俄罗斯

在俄罗斯科学院，弗拉基米尔·普京被科学家和保镖簇拥着。令政治专家们费解的是，普京出身于俄罗斯正教会，却在克格勃的行伍中脱颖而出。在加入改革者的队伍后，1999 年，普京被叶利钦亲定出任俄罗斯最高领导人。

同这个国家的许多行政楼一样，俄罗斯科学院只有荧光灯照明。当时是用胶片拍摄，因此荧光灯会造成画面偏绿。为了中和这种绿色，我在镜头前放置了一块洋红色滤光镜。但是这样的话，闪光灯发出来的白光就会由于滤光镜的作用而显现为洋红色。为了避免这一结果，我在闪光灯上加了一片绿色的滤色片，使其与荧光灯的颜色相吻合。最后，为了使闪光的颜色更暖一些，我又在最上面加了一片暖色调的滤色片。

罗尔斯豪森，德国

在 19 世纪初期，格林兄弟雅各布和威廉出版了一本童话书，书中的故事大部分是流传于德国中部的民间传说。这些举世闻名的故事依旧回声袅袅，诉说着古老城堡与幽暗森林的传奇。恍若置身于汉塞尔与格蕾泰尔的故事中，一位农妇身着一件施瓦姆地区的传统连衣裙，正窥视着熊熊燃烧的炉子火红的灶口。

妇人身后那扇敞开的门为这间小小的社区面包房提供了唯一的光源。我在闪光灯上覆了一片非常暖的滤色片，并将闪光灯从照相机上拿下，持于右侧。我对着墙边的小角落发射闪光，使其反射到妇人身上，于是我们就能看清她脸上的神情，又仿佛她是被炉火照亮。

斯塔罗切尔卡斯克，俄罗斯

跳完轻松愉悦的土风舞，郊游的人们用健康的食物与大量的伏特加来犒慰饥肠。

故事在一片树荫下上演。假如不用闪光灯，这群人几乎会沦为剪影，而前景中的女孩的脸也会被淹没在帽子的阴影里。就算在日光下拍摄，我也常常在闪光灯上加一片微暖的滤色片。

顿涅茨克，乌克兰

在一天的矿下生活后，一位煤矿工人在刷洗身体。尽管收入相对不错，在提取乌克兰的优质煤时，矿工们却面临着设备故障和瓦斯爆炸的风险。

高感光度在当今的数码摄影中应用普遍，但在我还在使用胶片拍摄、也还未过渡到 E-TTL 的年代，高感光度意味着画质的损失。为了捕捉这位矿工的表情，制造出场所感，并揭示空间的纵深度，我使用了一个较慢的快门速度，配合一个直接装在照相机上的闪光灯。被摄主体的手臂意外出现了模糊，为照片平添了一分诡异。

沙巴堡，德国

沙巴堡，又名睡美人城堡，在废弃中沉睡了百年之后，以童话主题酒店之姿苏醒过来。

为了照亮前景中的花丛，我用了一套复杂的多次曝光设置。长达几分钟的基础曝光赋予了古堡和天空初始的影像。但是前景若无更多的照明，这些盛开的小花就会消失不见。我让助手在不卷片的情况下，又进行了 15 次额外的短时曝光。在这些次曝光中，我穿过画面，从各个方向对着花丛发射闪光。我用自己的身体挡住闪光灯以确保它不出现在最终的照片中。单次强闪光是不可能达到同样的效果的，那样只会使前后景之间出现明显的落差。

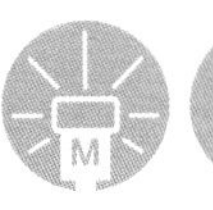
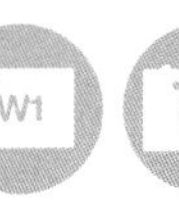

法兰克福，德国

化装舞会上，一位来宾戴着量身定制的半脸面罩。

为了传达舞会的气氛，我使用了较慢的快门速度，并特意快速地水平移动照相机，进行了一次闪光拍摄。环境光造就了画面底部的些许重影，屋顶的灯盏形成了划过顶部的条条光纹。闪光定格了主角的脸和面罩，而那些条纹却带给观者飞速旋转的感觉。一如既往，在每一个室内镜头中，我都在闪光灯上使用了暖色调的滤色片来匹配环境光的颜色。

北岸，加利福尼亚，美国

索尔顿湖中的罗非鱼（以及其他鱼种）的数量已经大幅下降，部分原因是水域中的氧气耗竭。20 世纪 90 年代后期曾突发大规模的鱼群死亡，约有 700 万条鱼在 1999 年 8 月的一个热天中全部死去。

我在日落后不久拍摄了这张照片，如果没有闪光灯，我就拍不出这数百条成堆搁浅在海岸上的鱼。为了引导观者的注意力，我变焦了闪光灯，使闪光区域比镜头的取景范围更小，如此也与天光云影相映成趣。

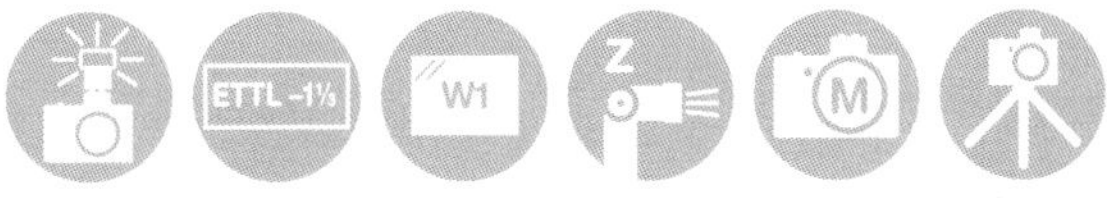

切尔诺贝利，乌克兰

每逢灾难的周年纪念日，切尔诺贝利的轮班工人会聚在一起烛光守夜。在未来的几百年里，切尔诺贝利的阴影仍将继续笼罩生活的方方面面——社会、环境及健康。

假如没有闪光灯，蜡烛就是唯一的光源，除此以外我们也很难看到其他东西。我把闪光灯的强度调低，并加了一片非常暖的滤色片来匹配烛光，从而使得整个场景从黑暗中浮现出来。

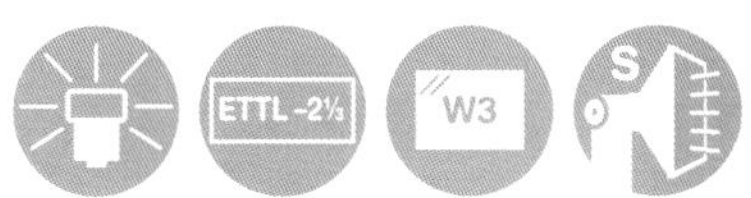

И ОДЕЖДЫ НЕ ИМАМЪ, ДА
РЕЧЕ ГДЬ: ИЖЕ ХОЩЕТЪ
безсмертный, помилуй насъ
сердце чисто созижди во
мне, Боже и духъ прав
обнови во оутробе моей

叶卡捷琳堡，俄罗斯

诺沃-蒂克维因斯基修道院恰逢审判日，神父亚伯拉罕正端坐着点评住院修女们画的圣像。

如果没有闪光灯，这位修道院院长的脸将完全被帽兜的阴影遮蔽。我的助手调低了闪光强度，从我左边对着他的脸闪光，如此恰好能让我们看清他的面容。

莫斯科，俄罗斯

“苏豪室”是一家为夜生活爱好者量身打造的热门娱乐场所。

普里皮亚季，乌克兰

2011 年，乌克兰政府正式将切尔诺贝利禁区的旅游业合法化。游人们在普里皮亚季的一所学校里游荡，穿过空空荡荡的教室和残迹狼藉的走廊。成百上千的废弃防毒面具凌乱地堆在餐厅的地上。一名游人带来了自己的防毒面具，不是为了保护自己免遭辐射，只是想拍照搞怪而已。

我的助手从侧边向这个戴面具的男子投射了闪光。

W1

苏达克，克里米亚

每年，大批的游人成群结队地涌向苏达克的水上乐园，共赴这场闻名的泡沫派对。

我的助手紧挨着我，变焦推近闪光灯，对准了照片下方正中的那个女子。

莫斯科，俄罗斯

在过去的数十年里，街头的现实与广告业营造的梦幻世界形成了鲜明的对比。尽管如此，这些闲步于马涅什纳亚广场的女子看上去却像是刚刚从广告牌里走出来一样。

我和助手倒退着走在这两个专注于交谈的时髦女子跟前，而我的助手将闪光灯直接对准了她们。

博尔扎诺，意大利

建造于 13 世纪的伦克尔斯泰因古堡高高地耸立于塔尔弗河上方的斜坡尖岩之上。

风高的夜晚，婆娑的树影在长时间曝光下一片朦胧。但我用多次闪光定格了树叶摇动时的各个姿态，为照片精心增添了印象派的笔触。

卢比扬卡，乌克兰

一名 54 岁的老人回到了切尔诺贝利禁区。他的皮肤已经严重老化，医生们将此归因于辐射暴露。自 2006 年妻子过世后他一直鳏居，在孤独中越来越感到寂寞难耐。

这个房间包含了多种钨丝灯和荧光灯光源，这会造成这个男子右边的脸完全陷入黑暗。为了解决这个问题，我对着他右边的墙闪光，使光反射到我的被摄主体身上。

阿斯塔纳，哈萨克斯坦

一家人聚在一间窄小老旧的独户屋外头，身后的背景是新建的公寓楼。这户人家可以说是生活在背后那些新大楼的阴影之中。

我的助手站在左方，用稍稍推近的闪光灯照亮了他们的脸庞，虚构出了一种沉思的印象。

秋明，俄罗斯

在兹纳缅斯基大教堂里，一个孩子正在受领神父谢尔吉施予的圣餐酒，是为初尝宗教的一次体验。

我的助手站在神父的右后方，将闪光投向了少年的脸庞。

洛杉矶，加利福尼亚，美国

传统的塔克餐车为洛杉矶社区提供了数十年的餐饮服务。它们通常会在一周之内频繁出入于固定的街区，并常常营业至凌晨。

闪光灯置于我右手边约 10 英尺的画面边缘处，径直朝向这对夫妇，由此创造出了一个壮观的影子。

普里皮亚季，乌克兰

今天，切尔诺贝利第三学校无法再为孩子们突如其来的辍学诚实地做证。来访的人改变了这里的景观：先是拾荒的人们洗劫了房间里的贵重物品；近来，又有导游组装了舞台布景来生动地描绘逃离灾难的场景，以吸引更多的游客。

闪光灯从左边定向照明玩具娃娃以强调其人造的表面，而另一束余下的光扫向了凌乱的防毒面具。

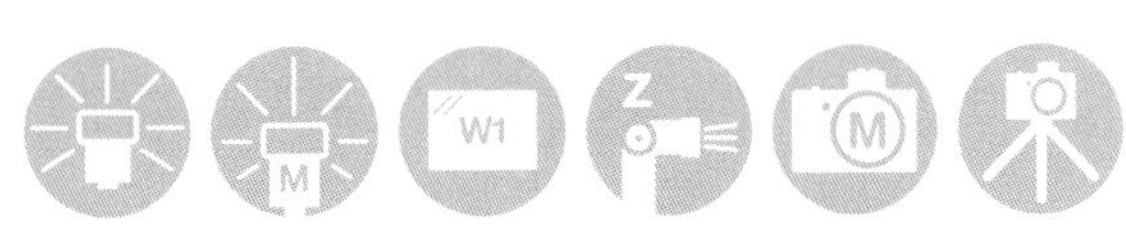

维思诺瓦，白俄罗斯

五岁的伊戈尔因患有严重的身心残疾而被父母遗弃，现居于一家照顾残障弃儿与孤儿的儿童精神病院。切尔诺贝利国际儿童组织是成立于爱尔兰科克的一个慈善组织，它救济了包括这家儿童精神病院在内的数家机构。

我低低地蹲伏在地上，通过伊戈尔的视角去看世界。我的助手站在我右手边几英尺远的地方，朝墙壁反射闪光以呈现伊戈尔的表情。如果没有闪光灯，他的脸会在窗台下一片黑暗。

Weisser Glühwein 3,-
0,2 l
or
CUBA LIBRE 5,-
0,2 l
SANKT PAULI
skull

柏林，德国

这家地处克洛伊茨贝格的“弗兰肯”酒吧既有老式酒馆的情调，又有现代朋克的态度。

我的助手站在我的右边，高高地伸直一条手臂，向下举着闪光灯，重点照明这对情侣。

莫斯科，俄罗斯

库尔斯克火车站与地铁站附近，高峰时刻赶车上下班的人们。

我的闪光灯处在最左端的位置，朝向这群迎面而来的乘客。我使用了一个较慢的快门速度，而他们的运动造成了照片中的重影，彰显了他们的行色匆匆。

48

列奇察，白俄罗斯

残障儿童寄宿学校收容了一百多个 4 到 20 岁的孩子，其中的很多人被认为是切尔诺贝利事故的间接受害者。

闪光灯发出的光定格住了这些孩子，而长时间曝光造成的模糊又强调了他们动作的凌乱。这一技巧营造出了一种世界在绕着他们旋转的感觉。

CORNER
The Best

苏尔古特，俄罗斯

娱乐中心里正在上演一场盛大的生日派对，年少的男孩在他这场前卫的庆祝会上不知所措地停下了脚步。

有时候幸运从天而降。那会儿我正在试验灯光效果，在这种并不常见的场景中我使用了两个闪光灯。一个放在 DJ 播音室内，朝向电脑屏幕反射闪光，而我的助手在大厅左侧举着另一个闪光灯，守候孩子们入席而坐。出人意料的是，这个小寿星漫步走进了画框，他的影子填充了空荡荡的墙。

柏林，德国

勃兰登堡门是柏林的标志，也是德国动荡而坚忍历史的纪念碑。驷马胜利战车如同勃兰登堡门的冠冕。

为了拍摄塑像，我穿过巴黎广场精雕细琢的门廊，又乘坐吊车上升，在抵达马匹的高度时，我发现马头有点逆光。幸好我的相机包里装着闪光灯，它为马头的正面增加了刚好足够的光亮。

佩列瓦洛沃，俄罗斯

在俄罗斯正教会组织的一次夏令营的尾声，神父阿纳托利在佩列瓦洛沃附近的小湖边为少年们施洗。部分孩子来自问题家庭，若不是因为同龄人之间的压力，他们很可能拒绝受洗。

假如没有闪光灯，正午烈日造成的阴影将遮蔽神父的动作。直射闪光不仅使我拍到了对孩子头发的精修细剪，也照亮了神父阴影中的脸。

柏林，德国

这些女子正在柏林户外庆祝“摩登不夜城”。这是一项国际性的活动，足迹遍布世界各大主要都会，包括纽约和伦敦。

闪光的位置确保了光线在这个极为广角的画面中四散减弱，从而将焦点集中在了这个年轻女子的表情上。

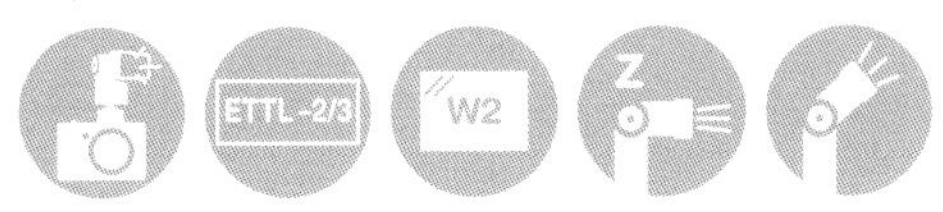

切尔诺贝利核电站，乌克兰

1986 年 4 月 26 日，正是在这间 4 号反应堆控制室中，操作员在一次安全测试中犯了一系列致命错误，才触发一个反应堆熔毁，进而导致了目前为止世界上最大的核事故。

我观察到单次闪光不足以照亮整个画面，不得不快速寻思解决方案。在 30 秒钟的曝光时间里，我手持两个闪光灯蹲在操作台后面快速移动。为了照亮那面残破的墙，我一共触发了 9 次闪光。

沃尔库塔，俄罗斯

在一间临时的俄罗斯东正教小教堂里，年轻的神父用他的长巾盖住一名告解者的头部，聆听她公开的忏悔。

TTL/E-TTL 闪光灯的一个巨大优势在于，在使用高感光度时，闪光输出可以非常小。在告解的过程中，我用一张卡片反射来自低矮天花板的闪光，未造成丝毫惊扰。

Single Serve
Iodized
Salt
Single Serve

洛杉矶，加利福尼亚，美国

美食餐车供应花样繁多的佳肴，从传统美式食物到异域杂汇与高档海鲜。

《国家地理》杂志发表过一篇关于“洛杉矶餐车”的故事，文中包含一张各式餐品的大方格图。我将食物置于餐车旁边的各色背景上。为了保持布光效果一致，并确保细节清晰可辨，我在50 毫米的镜头上用了一个环形闪光灯。

莫斯科，俄罗斯

在豪华的“图兰朵”大饭店内，与挥霍的吃喝相比，莫扎特也仅仅沦为背景音乐。这种炫耀性消费使莫斯科在短短时间内迅速跻身于世界最高消费城市之列。

我用了一个闪光灯加一片比环境光稍冷一点的滤色片，照亮了前景中的时髦女子。

罗曼诺沃，俄罗斯

在教堂遗址附近发现的一块墓碑旁，神父在为死者主持祷告。与许多其他俄罗斯东正教教堂一样，该教堂消失于苏维埃时期。

这些低垂的面孔和宗教用品在刺眼的阳光下没入了阴影。在贴近照相机的位置，我举着装有半球形柔光罩的闪光灯。闪光照亮了阴影，也将观者的注意力引向了围拢在墓碑四周的面部表情。

莫斯科，俄罗斯

主显节前夜，严守教规的东正教基督徒在日沃皮斯那亚街附近的十字架形水池中沐浴。池水冰凉，一对夫妇泳后在火堆旁取暖。

尽管火光中洋溢着宜人的温暖，我还是用冷色调的闪光投向白雪覆盖的树木与冰冷的水池，以求刻画实际的温度。

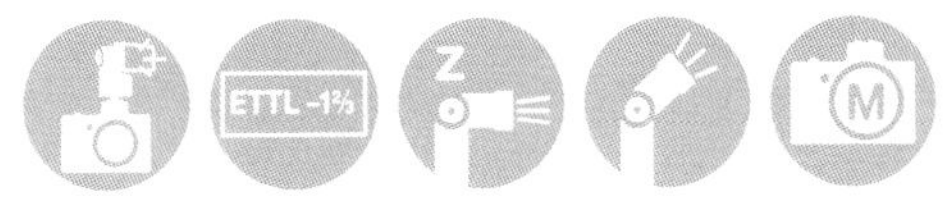

廷塔杰尔，英格兰

圣·梅特里亚那教堂距廷塔杰尔城堡近在咫尺，后者就是传说中孕育亚瑟王的地方。

大部分自然光从教堂背后而来，但我想凸显出墓石。我的解决之道是将闪光灯放在地上，微微上仰，并将功率设置在最低值。

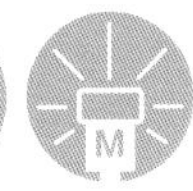
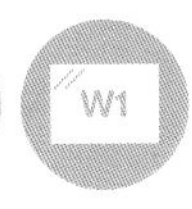

博冈定斯科耶，俄罗斯

神父奥列格在一所青少年监狱中为监犯们集中施洗，祈祷着十字架能取代纳粹十字记号留在少年犯的心中——这是俄罗斯东正教会重新恢复的一项社会拓展工作。

一束作为补光的闪光以大幅减弱的强度辅助照明了前景，使这名监犯胸口的纳粹党徽文身得以看清。

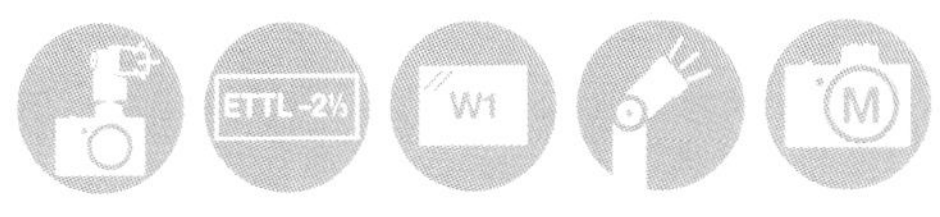

普里皮亚季，乌克兰

切尔诺贝利核事故过去四分之一个世纪以后，学校的图书馆里书本腐烂，涂漆剥落。

从窗户进来的自然光会令大部分书本黯然无光。为了将观者的注意力维持在室内，聚焦于地上杂乱无章的书籍，我在房间最里面放了一个闪光灯，并用另一个机顶闪光灯对着墙壁反射闪光。

Sides
Fried Tater Tots With A Side Of Our Special House
$4.50
$5.50

洛杉矶，加利福尼亚，美国

一名身穿特殊活动制服的售货员在“安吉的香肠”餐车上挑逗性地卖着热狗。

闪光从两名顾客上方的位置投射出来，照亮了本将消失于阴影中的售货员。

FIROTTI

塞瓦斯托波尔，克里米亚

友谊之弦将手风琴师奥列西亚与同志们紧紧地团结在一起。他们每个周日相约滨海步道，载歌载舞直至入夜。

我与助手一边随众人起舞，一边拍照。他在我的右边举着闪光灯，朝向红衣女子闪光，而我们也利用了照到其他人身上的自然减弱的余光。

特里姆特斯，乌克兰

92 岁的哈里提娜是少数几个重返切尔诺贝利禁区回归故村的老人之一。她宁愿在这片破败荒凉的故土死去，也不愿在某个不知名的城郊心碎离世。

如果没有机顶的直射闪光，哈里提娜头巾下的双眼会在正午的骄阳下一片黑暗。

莫斯科，俄罗斯

一场纸醉金迷的私人派对正在这家“苏豪室”夜店包场上演。

助手站在我的左边，将闪光灯微微上仰，对准了画面中心。

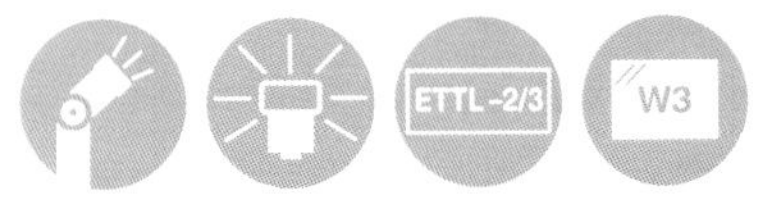

柏林，德国

一对夫妇坐在野餐桌旁。这里从前是滕珀尔霍夫机场的地盘，现在改为拥有花园和野餐区的大型公共休闲游乐场所。

错过了日落前洒在夫妇脸上的完美光线，我便再造了向晚时分的神奇光辉，方法是在闪光灯上加一片暖色调的滤色片，循着片刻前暮光照射的方向来发射闪光。

切尔诺贝利核电站，乌克兰

工人们深入毁坏的反应堆中，在水泥中打洞安装支撑梁，以加固摇摇欲倾的屋顶。昏暗的作业空间靠近爆炸中心，污染严重。就算穿戴着高保护性装置和防毒面具，他们也必须每隔 15 分钟换一次班。

我将机顶闪光灯稍稍旋向右方，来减弱直射到左侧工人身上的闪光强度，同时补偿了右侧工人身上呈指数级减少的光量。闪光灯令我捕捉到了工人们透过面具向外窥视的眼神。

KERR / 1867-1948

柏林，德国

日落之后，一名游人驻足于一个临时展览面前沉思。该展览关注柏林在 1933 年以来遭纳粹政权破坏的社会与文化多元性。

当我看见这个男子停步观看展览，便指挥我的助手迅速移动到左侧柱子后面，变焦闪光直接照射男子的脸。

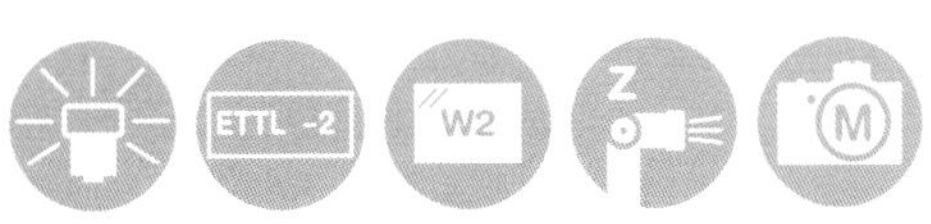

洛杉矶，加利福尼亚，美国

我花了几年的时间拍摄了一个个人项目，叫作“沉睡的车子”。我的车子憩息在各种环境光线的背景中。这些典型的洛杉矶街区雾气低垂，而巢居此中的车辆，开始显出各自的性格。夜深人静时分，独自留在街边的车子自有一种内在的神秘质感，又仿佛置身于某部被人遗忘的黑色电影的布景中，而两者都诠释了洛杉矶的本色。

在几乎所有“沉睡的车子”照片中，我均使用了低照度的多次闪光来照明车子，并提亮周遭环境，尤其是树叶。

伊利因茨，乌克兰

在切尔诺贝利饱受污染的大地上生长的西红柿，正在重返禁区的故人家中等待被享用。

房间里原本有两个光源：窗户和悬吊在天花板上的一个光秃秃的灯泡。而这张照片却有两个意图呈现的对象，水槽里的西红柿和正在摆桌的男人。若不添加闪光，无论是西红柿还是镜中影像都将隐而不见。我站到一把椅子上，将照相机向下对准水槽和镜子，再将闪光灯以一定的仰角朝向后方，对着天花板反射闪光。

莫斯科，俄罗斯

一群二十五六岁的财务顾问——莫斯科社会精英新人的代表，租了一辆白色加长豪华轿车，在城市的街道上兜风，上演着颓废的快乐。

我在机顶闪光灯上加了一片暖色调滤色片，并将闪光灯微微上仰，以避免离照相机最近的两个女子曝光过度。

切尔诺贝利核电站，乌克兰

1986 年 4 月 26 日凌晨 1 点 23 分，切尔诺贝利核电站 4 号能量块所在的大楼里发生了一系列爆炸，摧毁了反应堆。爆炸的力量可以说定格了时间：屋子里生锈的时钟指示了爆炸发生的时刻。将近 28 年过去，这里的辐射依然十分强烈，因而只能在此停留几秒钟时间。

我用了一个广角变焦镜头来拍摄这间屋子，并将照相机设为手动对焦。我变焦闪光以将目光引向时钟，同时也避免了前景的铁丝曝光过度。

END
SCHOOL
ZONE
NAIL C
NO STOPPING
7AM 9AM
2 HOUR PARKING
9AM 8PM
11AM 8PM
PICK UP
The Grilled Cheese Truck

洛杉矶，加利福尼亚，美国

每逢一周一度的好莱坞“梅尔罗斯之夜”，这里餐车云集，为饥肠辘辘的过客服务至深夜。

我意在用闪光表现这条漂亮的连衣裙，碰巧捕捉到了一个“幽灵般”一晃而过的顾客。

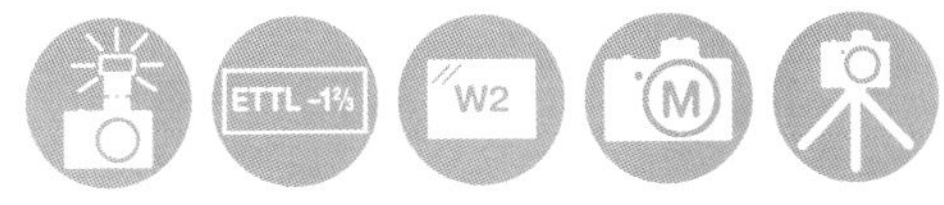

阿斯塔纳，哈萨克斯坦

周末夜晚凌晨 1 点到 3 点是阿斯塔纳的夜店最繁忙的时刻。舞池里人头攒动，而吧台成了摇摆舞女郎和水烟客的地盘。

这张照片的光源众多，其中之一是我的闪光灯。机顶闪光灯聚焦于抽水烟女子的上半身，并在一片蓝色滤色片的作用下，将她从红色的背景中分离出来。

POLIZEI
POLIZEI

柏林，德国

负责柏林国际电影节安保工作的警察，偷闲将注意力转向了户外大屏幕上正在直播的庆典。

直射闪光突出了安保人员设置的围栏和警服上反光的字。

ЛЕНИНА
19

塞瓦斯托波尔，克里米亚

在为 5 月 9 日胜利日阅兵式进行的彩排中，神气十足、动作到位的乌克兰水手们向统管俄罗斯和乌克兰舰队的海军上将敬礼，彼时俄罗斯和乌克兰的海军仍并肩靠在一起。

我一路跟跑在车子旁，而我的助手远远地跑在前头，向着背景中的司机和士兵投射闪光。想必路人看到一定觉得我俩荒谬可笑。

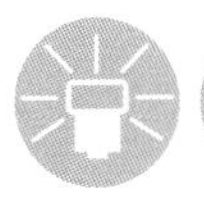

ЧЕРН☢БЫЛЬ

科帕奇，乌克兰

切尔诺贝利的导游身怀各种优化禁区游览体验的法宝，并能叫人记忆深刻。瓦西里娜通常在一只眼睛上戴一枚辐射信号标形状的美瞳眼镜，还会头戴一顶部分商店有售的切尔诺贝利帽。

我对着墙壁反射闪光，将重点引向那枚辐射信号标。

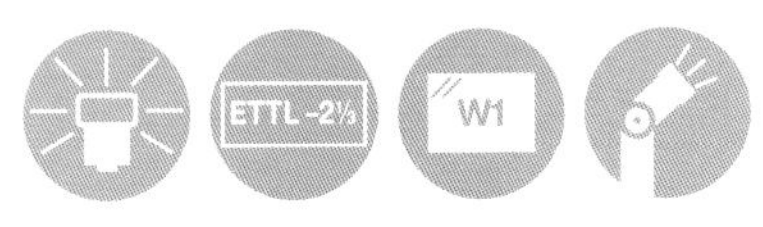

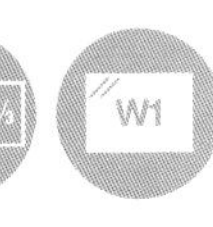

辛菲罗波尔，克里米亚

斯大林将克里米亚的鞑靼人驱逐到了中亚，而戈尔巴乔夫在 1989 年又准许他们回归。一对年轻的夫妇正在庆祝他们的婚礼，这是一场为期三天的盛事。

在画面的右上角，你可以看到我助手的闪光灯。

There
will always be people saying
you can't do something
it's up to you to show them
that they're wrong

柏林，德国

一对文身的情侣站在万湖岸边。

从相机上直接弹出的小型闪光灯缩小了情侣背部的光比，突出了皮肤、文身图案以及女子泳装的光泽。

切尔诺贝利核电站，乌克兰

一位工程师领着我简单地深入高污染的切尔诺贝利反应堆腹部转了转。石棺内部，黯然的空间了无生气，充斥着电线、金属碎片和致命的放射性残骸。

悬挂的灯泡已寂灭多年，工程师的手电和我们微弱的头灯是屋内仅有的光源。由于时间很有限，我一直将闪光灯置于机顶没有拿下，并稍微上仰，以防向导的白色套装曝光过度。闪光要足够强，才能提供一种场所感，又要足够弱，以防盖过工程师的手电筒射出的圆形光束。

阿斯塔纳，哈萨克斯坦

一家人在叶西尔河岸的树下避暑乘凉。

若无闪光灯加持，一行人将隐没在树荫里。

ПАРИКМАХЕ СКАЯ

普里皮亚季，乌克兰

最初普里皮亚季是为切尔诺贝利核电站的员工而建造的，今天这个地方沦为令人不寒而栗的鬼城，只有旅游业留下了一些扰乱的痕迹。这些以超现实的姿态留在现场的废弃玩具娃娃，正是访客介入的标志。

在开启长时间曝光之前，我将一个无线电控制的闪光灯放在房间后方，朝向中央的墙壁反射闪光，令更多的光漫布整个区域。在曝光期间我又手动触发了第二个闪光灯，对着我头顶的天花板反射闪光，以照亮阴影。

莫斯科，俄罗斯

在一个短暂的时期里，人人在俄罗斯都无须掩饰自己的性取向。那时，城内有一家很热门的“宣传”迪斯科吧，周日晚上是那里的同性恋之夜。

每逢在夜店里拍照，我会启用全套的彩色滤色片，试图表现出被闪光定格的各色瞬间，以及在环境光下摇摆的舞姿。

ИМЕЮТСЯ ПРОТИВОПОКАЗАН
ПРОЧИТАЙТЕ ИНСТРУКЦИЮ И

莫斯科，俄罗斯

代际差异的典型。晚间，奶奶看电视，孙女耗在网上。

一盏灯为室内提供了一点总体的光亮，而电视荧屏照亮了床上老人的脸庞。我的闪光灯隐藏在右边的衣柜后面，利用柜壁反射闪光，制造出光是从电脑屏幕而来的假象。

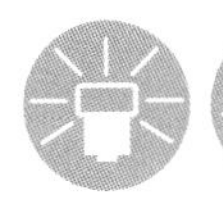

维斯诺瓦，白俄罗斯

一家孤儿院里，一个患有精神疾病的孩子闻着郁金香的芬芳。据说在放射性地区出生的孩子罹患先天缺陷和脑损伤的概率更高，这是科学界许多（但非全部）人士支持的一个观点。

我的助手对着我左侧的墙壁反射闪光，光芒洒向孩子的脸，似乎现场有一盏灯在发光。

捷尔诺夫卡，克里米亚

克里米亚半岛以众多千年岩城、窟寺而闻名。神父阿加夫尼站在切尔特-马尔马拉窟寺顶部。

闪光直接从牧师凝视的方向而来，变焦后范围正好覆盖他的头部，遥控触发。为了避免闪光溢向地面，我的助手将反光板的黑色面搁在闪光灯底下挡光。

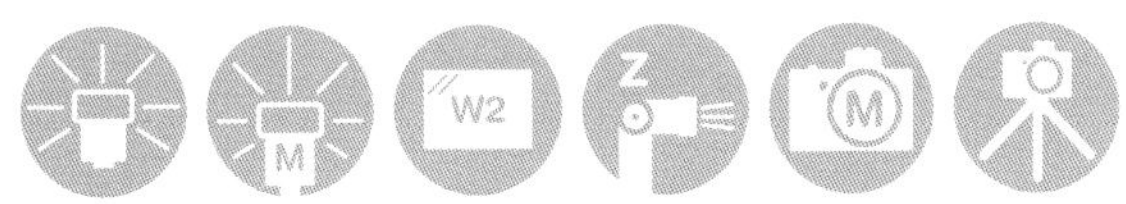

莫斯科，俄罗斯

在非法移民群落中，这些从前南部共和国来的人忍受着临时木棚里简陋的生存条件。

棚屋中裸露的灯泡照亮了背景中的父亲和孩子，而我的反射闪光照亮了前景中孩子的脸。如果没有这一光源补充，他的脸将一片漆黑。

莫斯科，俄罗斯

一名脱衣舞女郎在“北极熊”酒吧表演断颈舞——夸张比喻的说法。“北极熊”开张于 1995 年，是莫斯科第一家脱衣舞酒吧，也是最为著名的绅士俱乐部。

我将闪光投向女子身后的空间，以揭示顾客的目光。

柏林，德国

海滩游客在万湖的户外喷头下冲洗。万湖上百年来一直是游泳胜地。

我用闪光照亮阴影部分，以平衡逆向而来的太阳光。

切尔诺贝利核电站，乌克兰

穿戴着保护性塑料套服和防毒面具的工人在摇摇晃晃的水泥石棺内打洞填充支撑柱，这是爆炸发生后为隔离 4 号反应堆的放射性碎石而草草修筑的建筑。工人们的任务是在新防护罩完工之前确保这座每况愈下的石棺不要倒下。这是一项高危工作，里边依旧有着高强度的辐射，因此工人们冒险在其中轮班作业的时间每天不得超过 15 分钟。

墙体内几乎所有的光都来自火花的光束。我使用了机顶闪光灯，加上了暖色调滤色片，以使工人们完全可见，并定格住他们的动作。

格拉斯顿伯里，英格兰

在格拉斯顿伯里的突岩这座远在萨默塞特郡都能望见的小山上，只有中世纪圣·迈克尔教堂的尖顶还留在这里。根据亚瑟王的传说，这里是通向阿瓦隆的入口，那个神秘之境守候着一位传奇的国王重返世界。

在长达 4 分钟的曝光时间里，一名游人站着一动不动，于是我跑进画面中，对着草地弹射了几次闪光。同时，我的助手在突岩上进进出出，里外各发射了一次闪光。

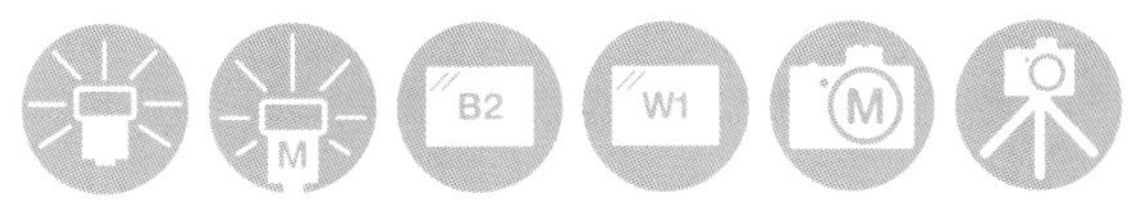

B799YO
150

莫斯科，俄罗斯

在莫斯科市郊的这个村落里，非法移民劳工占据了大部分波纹铁皮搭建的棚户。尽管已是零下 20 摄氏度的气温，他们还是宁可出门聊个天，也不愿窝在压抑的临时小屋里。

我变焦推近机顶闪光灯，照亮了这两个男人的面容和手势。

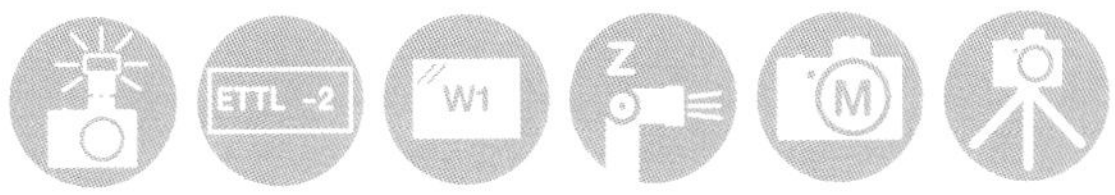

伊利因茨，乌克兰

一对失聪的老夫妇在切尔诺贝利禁区内的家中，小酌了几杯家酿酒之后，享受着轻松的一刻。

我将机顶闪光灯径直朝向天花板，制造出大面积的反射光来补足单只灯泡发出的光芒，才得以捕捉到夫妇的面容与衣着的细节。

小萨默福德，英格兰

赫克托·科尔以锻造高品质的箭镞和宝剑享誉全球，尤其擅长用古代锻造工艺来重造考古发现的上古神器。

我把闪光灯藏在锻炉背后较远的位置，从炉子上方变焦闪光使其恰好覆盖铁匠，这样看上去就好像炉火是屋内唯一的光源。

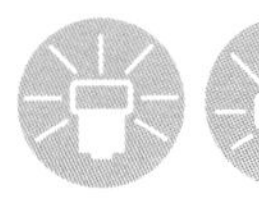

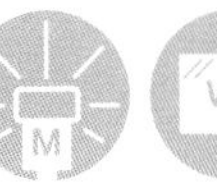

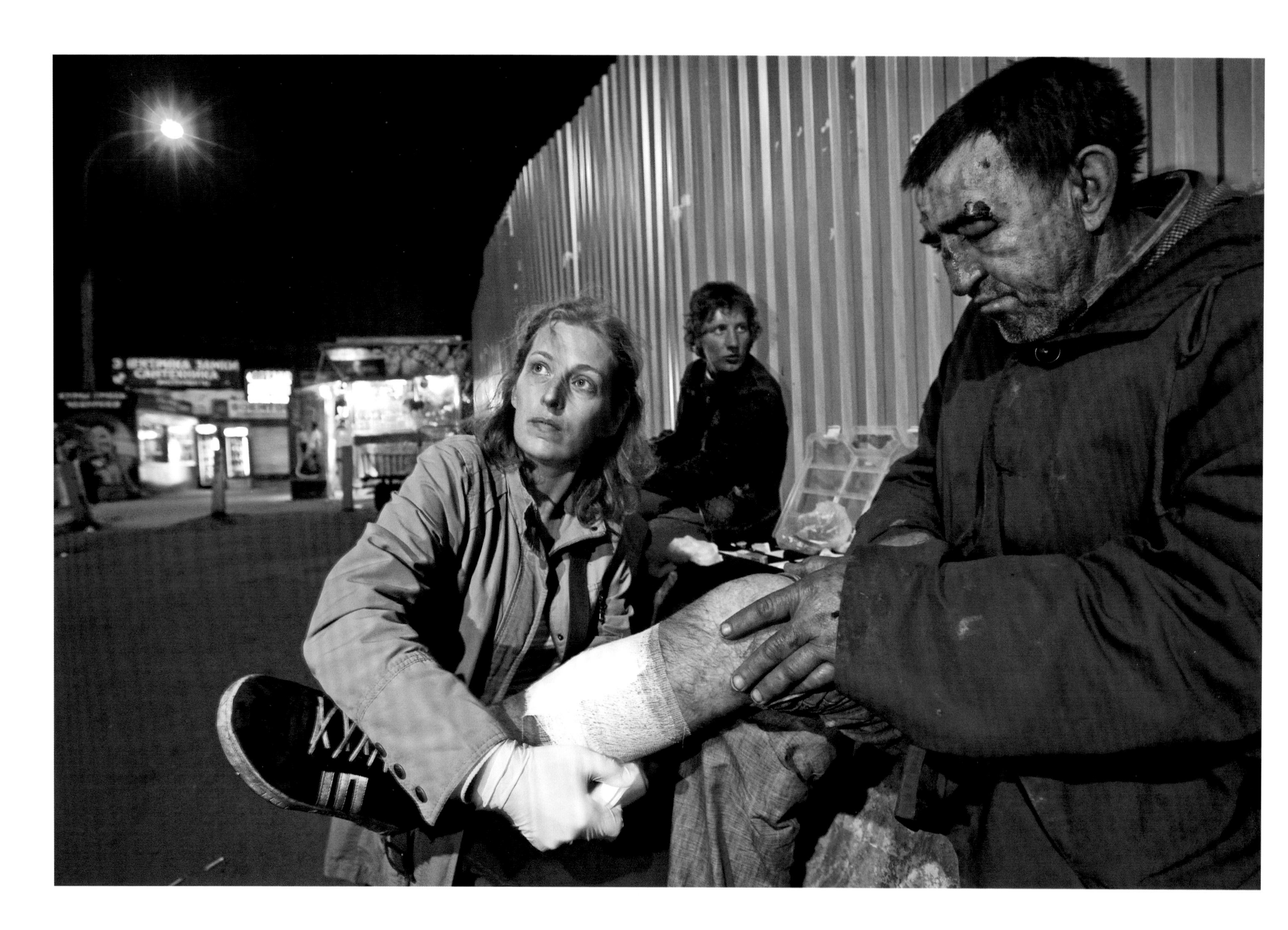

莫斯科，俄罗斯

在库尔斯克火车站边上，一位志愿者犹如黑夜里的天使，用从朋友处和家里收集来的救援物资照顾着一位因遭受虐待而无家可归的男子。

我的翻译站在我左手边45度角的位置，高高伸直他的双臂，向下朝人投射了闪光。

廷塔杰尔，英格兰

梅林之洞是亚瑟王传说中的一个重要地点，只有在退潮以后方可进入。相传婴儿亚瑟被海浪带上岸，而梅林将他救下。托尔·韦伯斯特拄着手杖，举着火把，穿过黑暗，带领游人进到了这个神秘莫测的洞穴之中。

闪光灯在我的左下方，并加了一片超暖的滤色片，来模拟火把发出的暖光。

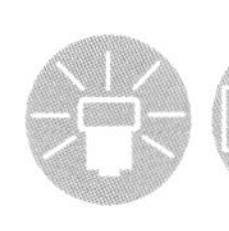

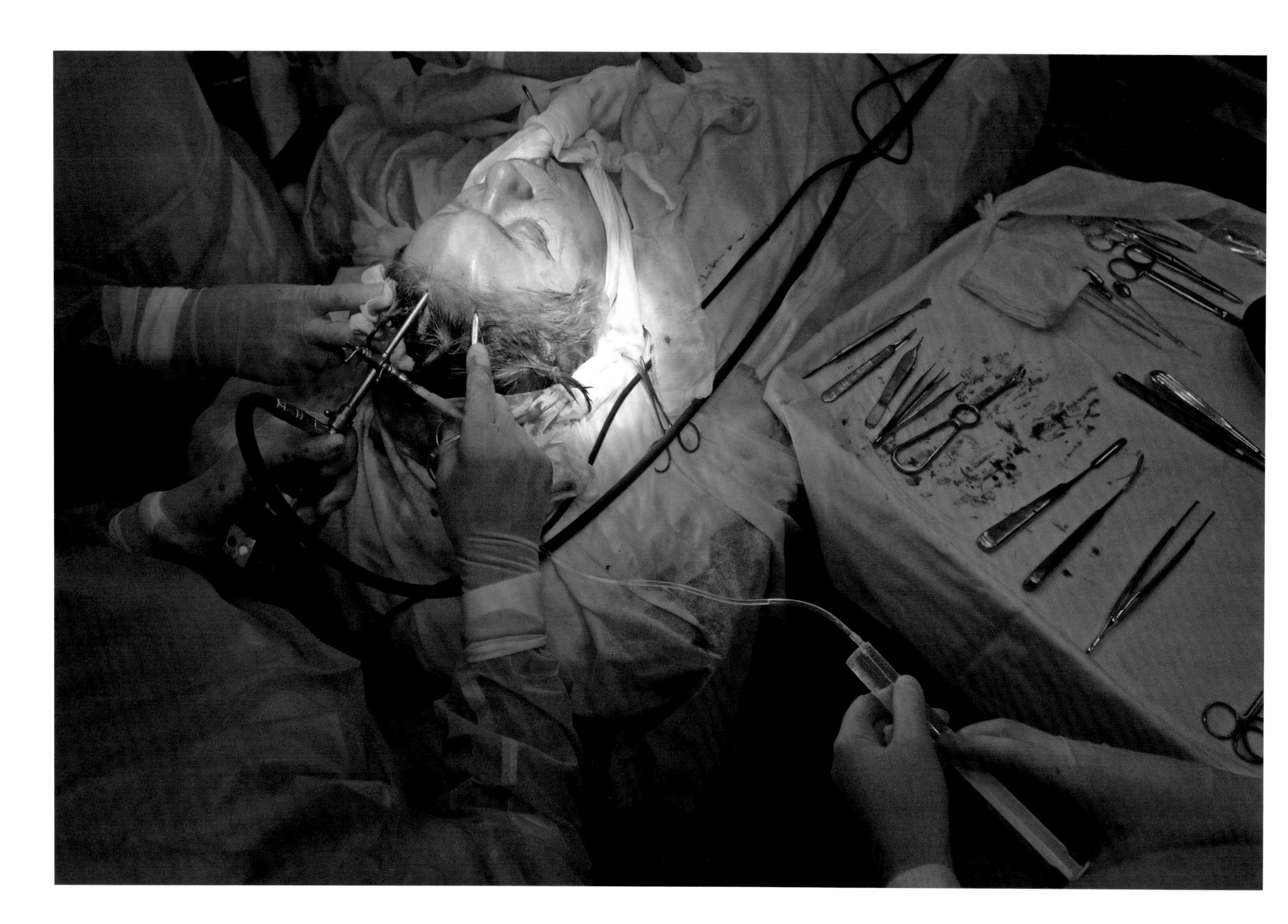

莫斯科，俄罗斯

尽管经济低迷，俄罗斯西部都市对整容手术的需求依然居高不下，以致手术一直排到夜里。

手术灯的亮光仅仅照明了手术中的那部分身体。我对着天花板投射闪光，为整体环境提供光亮。

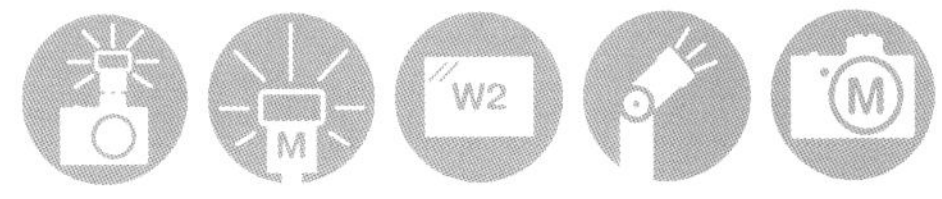
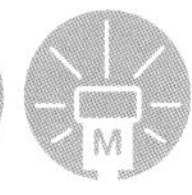

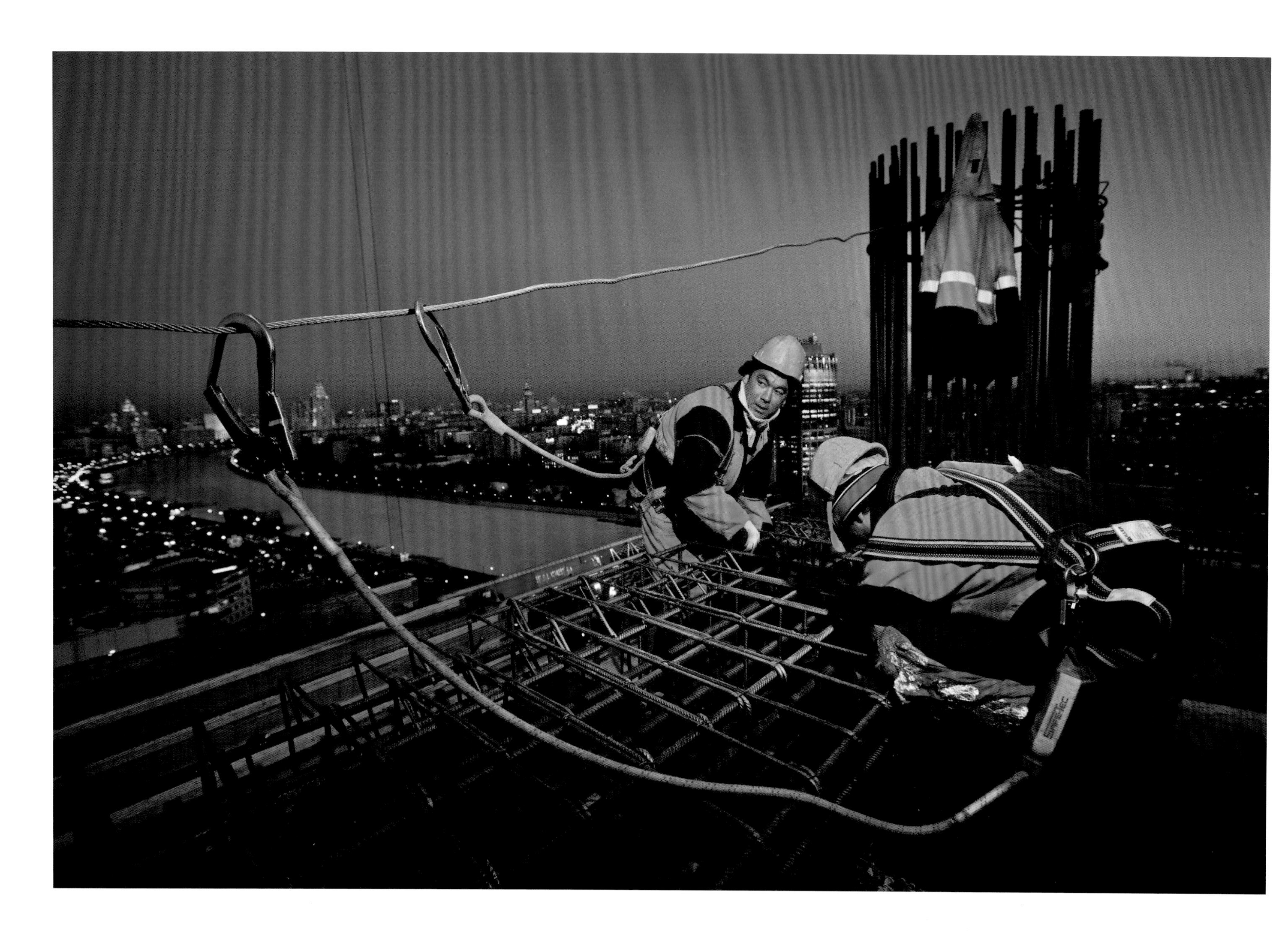

莫斯科，俄罗斯

夜幕降临，一幢高楼在莫斯科河畔拔地而起。为了使这片新商业区坐拥欧洲最高的摩天大楼——联邦大厦，劳工们夜以继日地辛苦劳作。他们大多数来自以前的苏联加盟共和国。

施工灯发出的暖光与蓝色的天空形成了鲜明的对比。我在闪光灯上添加了暖色调滤色片以匹配施工灯的颜色，然后照明工人。

塞瓦斯托波尔，克里米亚

在彼时归属黑海舰队的一艘乌克兰巡逻舰上，一位海军士兵在用刀片清洁鱼雷表面。

我将闪光灯微微上仰，朝向左边，照亮了士兵的脸，也避免了过度曝光他的手。

莫斯科，俄罗斯

“宣传（Propaganda）”是莫斯科最热门的迪斯科吧。周日夜是这家酒吧的同性恋之夜，直到最近政府将同性恋妖魔化。

大部分迪厅灯光的主要色彩都是旋转更替的。在这种情况下拍摄，大量的试拍是必不可少的。我试图根据相应的颜色调整闪光灯上的滤色片，使闪光与现场光相融或互补。

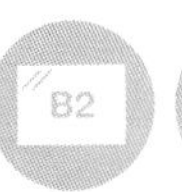

WORLD'S
MOST WANTED
WIENER

太阳谷，加利福尼亚，美国

美食餐车在全世界都越来越流行。洛杉矶县卫生部门要求流动餐车每晚返回供应部清理及补货。拉拉扎是洛杉矶最大的两家餐车供应部之一。

长达 4 秒的曝光展现了一辆餐车在黎明时分离开时的条状车灯，而我的闪光表现了另一辆静止餐车车身上缤纷的艺术作品。

莫斯科，俄罗斯

在桑杜尼浴场，叶夫根尼、阿纳托利和维克托好友三人喝着一杯杯的啤酒，吃着大把的熏鱼打发良宵。这家浴场是莫斯科平民百姓常去的老牌聚会场所，已有二百年的历史。

为了照亮前景，我用了闪光灯加一块大型反光卡，朝向天花板，还用了一片暖色调的滤色片来抵消荧光灯的偏色。

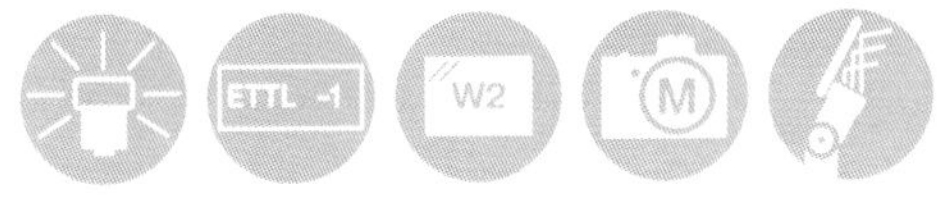

evian

莫斯科，俄罗斯

加莱里亚，一家消费高昂、针对时尚商务人群的高档餐厅和咖啡馆。

闪光灯上的滤色片匹配了现场的彩色情景，使人物的身体沐浴在蓝光之中。

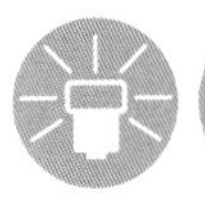

B3

阿卢什塔，克里米亚

一家退伍军人疗养院里，一对老夫妻在跳舞。老人的舞步或许缓慢，但甜蜜依然。克里米亚西部和南部海岸散布着休养度假村和疗养院，其中有些是国有机构——苏联体制的遗留物，而那正是许多俄籍克里米亚人心目中永远怀念的好时代。

小型闪光灯弹出，朝向天花板反射闪光，为曼舞的夫妇增添了一丝醒目。

辛菲罗波尔，克里米亚

一位牧羊人站在废弃的临时石屋面前。这些石屋是鞑靼人为了收复长期失去的土地而建造的。牧羊人左胸的文身暗示着严酷时代所遭遇的骇人死刑。囚犯们一致认为，行刑人是绝不会向列宁的头像开枪的。

我用闪光照亮了正午阳光造成的强烈阴影部分。

阿斯塔纳，哈萨克斯坦

民兵队伍闯入城里的一家时髦夜店，打破了疯狂的派对，突击搜捕毒品。

作为一个外国摄影师，在遇到这种情况时，我总是倾向于保持低调，不惹人注目。在高感光度下使用 E-TTL 闪光，便几乎难以被人察觉，于是我才能在不被当局发现的同时，还抓拍到几张照片。

克里米亚

埃佩特里是克里米亚最壮观的山之一，石灰岩的山峰闪闪发光，锯齿状的山岩参差不齐。数百万年以前这里还是海洋，巨大的珊瑚礁风化形成了如今的石灰岩，质地格外致密，因而经久不衰。

在一分多钟的曝光时间里，我的助手和我从各个方向朝山峰手动弹射闪光，才均匀地照明了这座山，刚好能使它从黑暗中浮现出来。仅用两个手持闪光灯就照亮了那么远的一座山，说明技术进步了不知多少！

FACTS TO MUNCH ON:

洛杉矶，加利福尼亚，美国

在当地公共电台 KCRW 一年一度的万圣节化装舞会上，派对上的人们享受着流动餐车提供的新鲜餐点。这类特别活动为区域性的餐车业保证了客流和现金流。

前景中的木乃伊获得了足够的自然光照射，但围坐在桌旁吃东西的那帮人却会在照片中显得很黑，于是我特地向他们投射了闪光。

塞瓦斯托波尔，克里米亚

当游人们悠闲地躺在堤岸上晒日光浴时，黑海舰队的成员在为俄罗斯海军日的军事演出排练。

我的闪光揭示了士兵全神贯注的表情。

CATERING
JOY

帕萨迪纳，加利福尼亚，美国

一辆冰激凌车内部，店主等待着顾客光临。在洛杉矶的私人活动上，主人常常会雇一辆餐车来服务宾客。

尽管餐车狭小，我还是带了一个三脚架进去。我的助手从窗口投进闪光的同时，我拍下了这张照片。

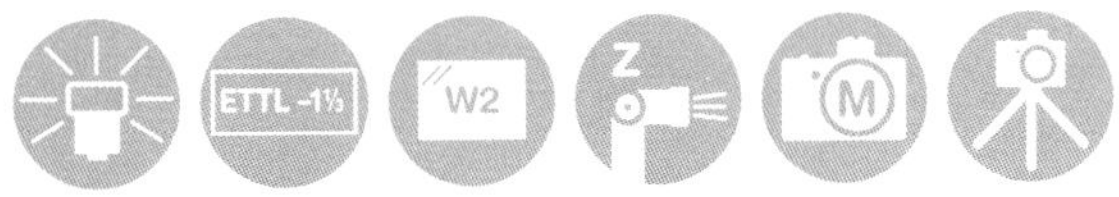

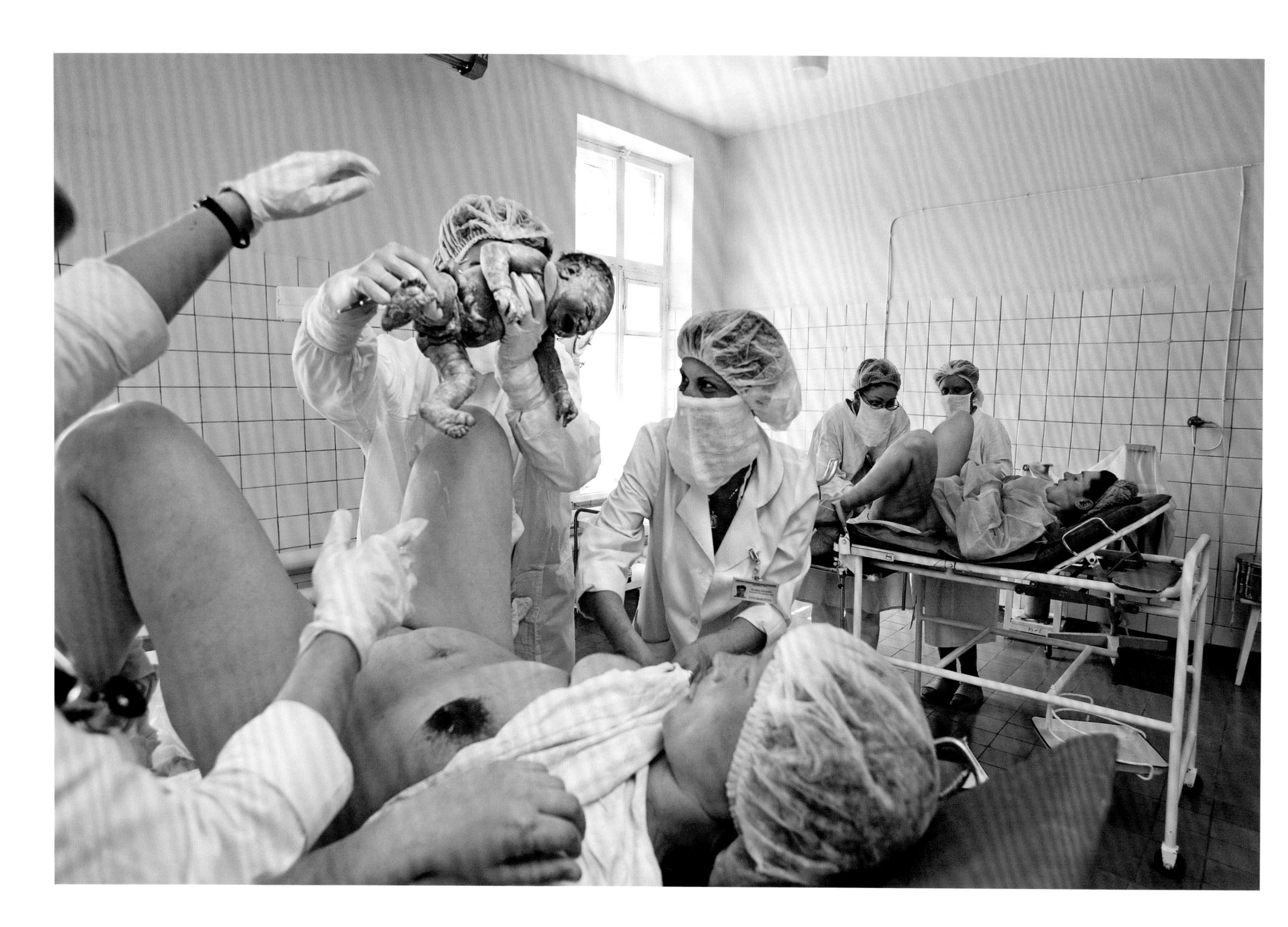

高美尔，白俄罗斯

切尔诺贝利事故后的一段时间里，强风将爆炸所释放的辐射吹入了西北方向的高美尔地区，以致放射性沉降物污染了几千平方公里的土地。今天，在核事故期间出生的女孩正在分娩自己的孩子。许多人对核污染感到忧心忡忡，生怕自己的生殖系统因此受到了影响。

我朝天花板反射闪光，引导观者将注意力聚焦于前景中的分娩场景。

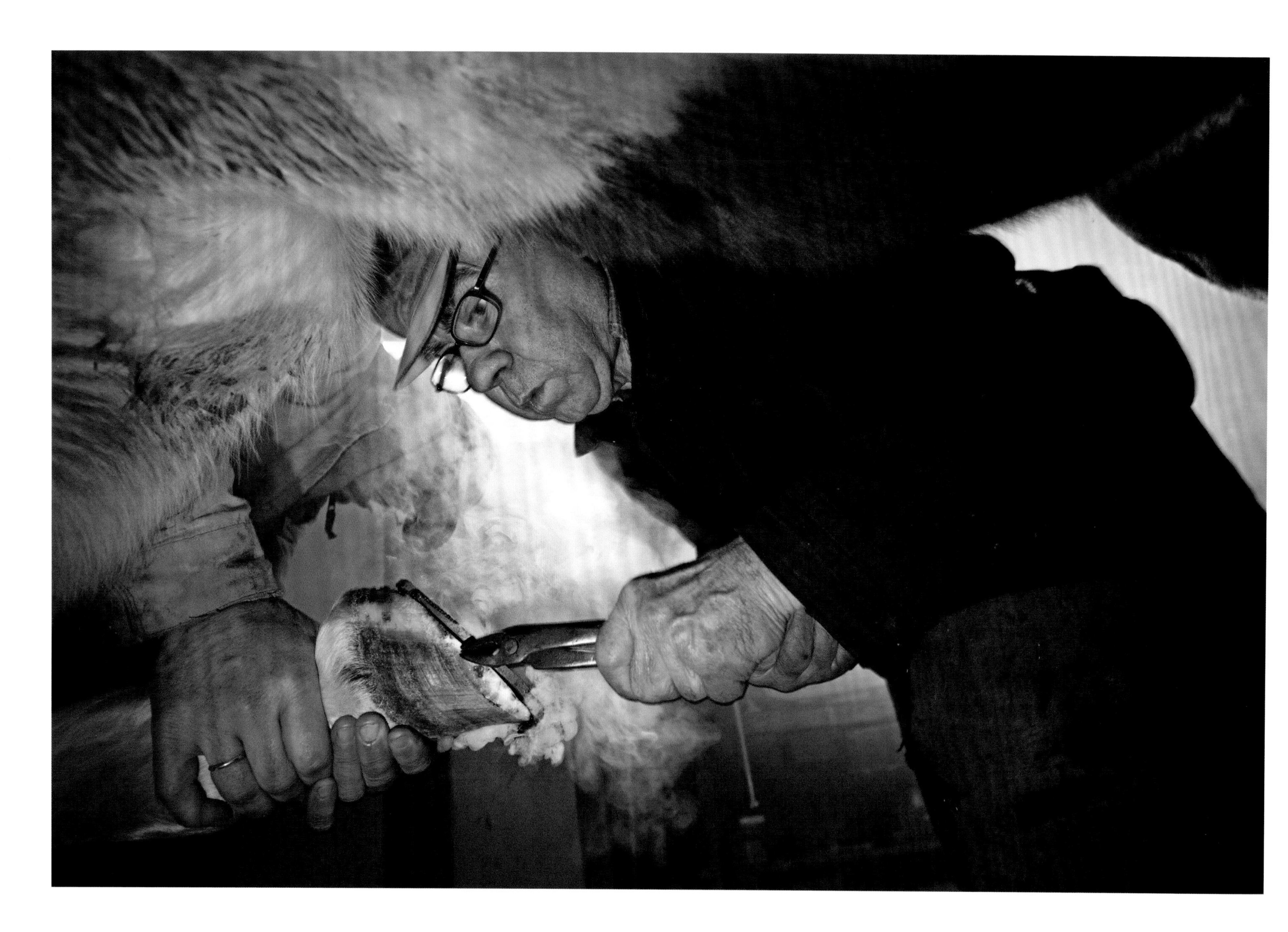

瓦滕贝格，德国

铁匠在给马匹安装手工制作的马蹄铁。

我在镜头右侧举着闪光灯，蹲伏在马肚子底下，拍到了铁匠脸上温柔而专注的表情。与此同时，环境光也逆向照亮了烟雾。

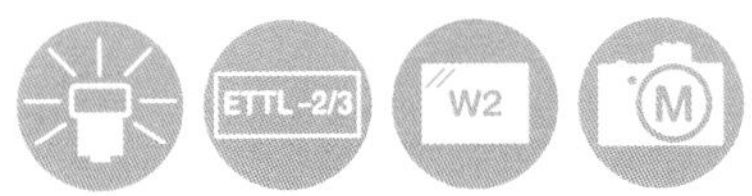

亨廷顿比奇，加利福尼亚，美国

在欧式圣诞市集期间，1 号咖喱香肠餐车为饥肠辘辘的游客们供应一根根浇满德国手工咖喱酱的德式烤肠。

我的助手以一定的角度向厨师投射闪光。她将闪光灯紧贴着玻璃，并作出环形的手势包围遮挡，以防闪光的影子出现在画面中。

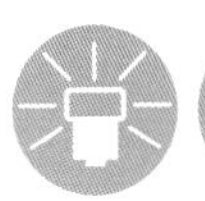

切尔诺贝利禁区，乌克兰

路边的辐射信号标警示着危险。安宁的冬日风景中，厚厚的暮雪静静地掩盖了暗藏于此的威胁。

机顶闪光照明了飘落在镜头前的雪花。这一技巧只适用于广角镜头，机顶闪光灯或闪光灯紧挨镜头的情况。

威尔特郡，英格兰

英国生态活动家及新德鲁伊教领袖亚瑟·尤瑟·彭德拉根视自己为名正言顺的亚瑟王后裔。秋分之日，他召集那些追随亚瑟王的朋友，聚集在巨石阵举行祭天仪式。

微弱的街灯是现场唯一的光源。为了在亚瑟身上打造一束伦勃朗式的光，我的助手站在我的左手边，用独脚架高高支起闪光灯。

柏林，德国

2013 年夏天，一名街头艺人在勃兰登堡门前假扮成一名前民主德国边防守卫。这一类表演后来以此地不适合为由被禁止。

从左边发出的闪光将观者的目光引向了“二战”士兵拿着苹果智能手机（iPhone）带来的年代错位感。

莫斯科，俄罗斯

主显节前夜，泳者集聚于银树林。依据正统基督教的信仰，在冰水里游泳能洗去罪恶的魂灵。

一整夜的拍摄中，我交替使用着机顶闪光灯和离机闪光灯。曝光不足的环境光恰恰提供了这个地方的场所感，同时，闪光定格了动作。

阿姆斯特丹，荷兰

一名外国来客在著名的红灯区里享受快活。在此地，吸食大麻已经合法了数十年。

烟雾在逆光的深色背景中看得最清楚。客人被窗户的光照亮了，而我在他身后发射了一束闪光来刻画汹涌的烟雾。

阿斯塔纳，哈萨克斯坦

烘焙店的橱窗里映出了古老清真寺的白色柱石和蓝色圆顶。

我的助手用闪光灯加大型反光板照明了男孩的脸，使其在倒影中更加清晰。

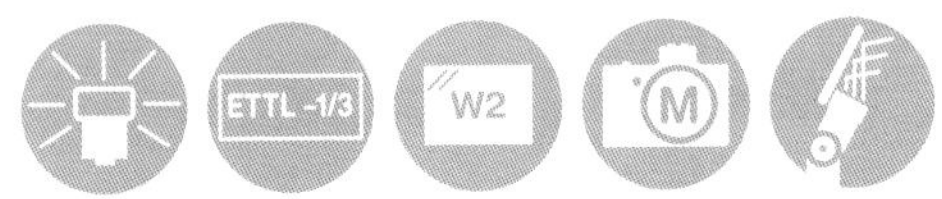

6425

柏林，德国

柏林自然历史博物馆（Museum für Naturkunde，简称 MfN，有时也叫 Naturkundemuseum）是德国最大的自然历史博物馆。馆藏之庞大，以致仅能展出不到五千分之一的标本。这个房间里摆满了家牛的骨骼标本。馆内有许多个像这样陈设未展标本的房间，只对博物馆员工和来访的科学家及研究员开放。

在 30 秒的曝光中，我绘出了光线。为了无缝衔接，我同时使用了两个闪光灯，从不同的方向对着天花板和头骨发射了几次闪光，如此光线就更为柔和，也没有投下任何明显的影子。最后，我跑到头骨的后方，对着它们又发射了多次闪光，创造出了天花板上的神秘图案。在整个过程中，一丝淡淡的环境光透过合上的窗帘，形成了背景中的蓝色调。

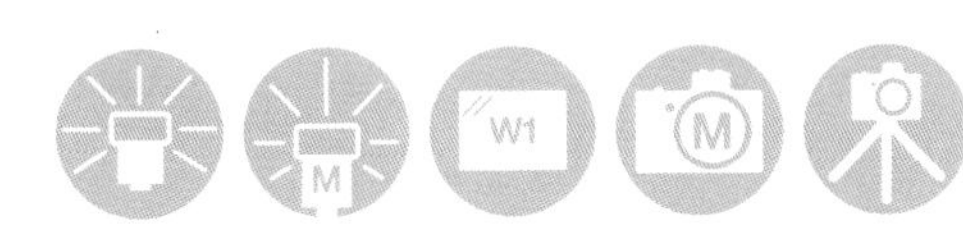

莫斯科，俄罗斯

在莫斯科扛旗的金属音乐阵地“放松”里，“哥特之夜”的着装规范是黑色而鬼魅的奇装异服。俄罗斯金属乐队演奏的乐曲，如《忧郁》《别原谅我》等，令顾客们沉浸在一种病态美中如痴如醉。

为了揭示这个场景的复杂性，我变焦闪光灯并朝左侧闪光，使这对相拥的情侣从黑暗中跳脱出来。

SCORE 133400
92700
228
22
2
14
9%
Hold Fire
MEDAL FOR 100X KILLS
SCORE:
SHOTS FIRED:
133400
HITS:
261
HEADSHOTS:
18
KILLS:
0
ACCURACY:
11
6%
MEDAL FOR 100X KILLS
CREDITS 34/1
STRIKER PRO

阿斯塔纳，哈萨克斯坦

阿斯塔纳是世界上第二寒冷的首府——室内场所为孩子们提供了丰富的娱乐项目。

为了匹配游戏厅内现有的蓝色光，我在闪光灯上覆了一片蓝色滤色片。我将闪光置于显示屏的顶部，直接对准这个在玩视频游戏的男孩。

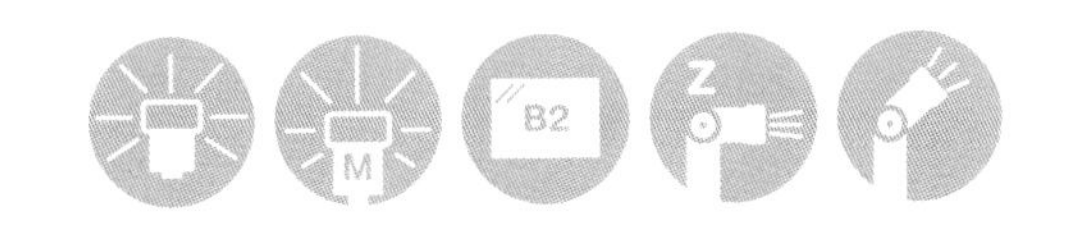

柏林，德国

勃兰登堡门附近的大屠杀纪念碑群是迷宫一般的纯灰色石棺群，占据了一整条街区。人们会发现自己没入了一片死气沉沉的悲伤峡谷。

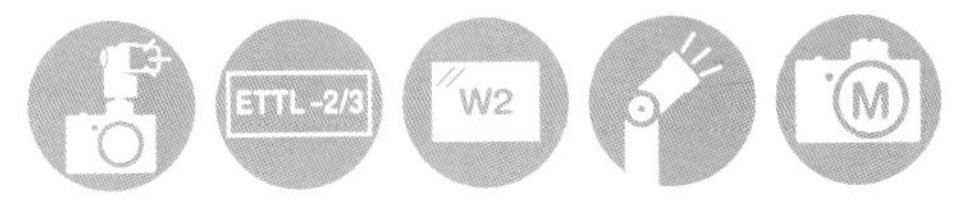

皮尔森，捷克共和国

全球闻名的皮尔森啤酒厂的退休人员每年都会检验和品尝新出的啤酒。

好几种光源在这里起作用，包括烛光与外加的钨丝灯。最主要的光来自我的遥控闪光灯。我的助手手持闪光灯，朝下对准这些面孔。同时，我用一片非常暖的滤色片匹配了烛光的色温。

洛杉矶，加利福尼亚，美国

在南加州，尤其在假期，主人们视自己的车子如珍爱的宠物一般，常常将久泊于户外的车子钟爱地罩起来。

在 2 分钟的曝光中，我朝棕榈叶、保时捷车罩和草地弹射闪光。

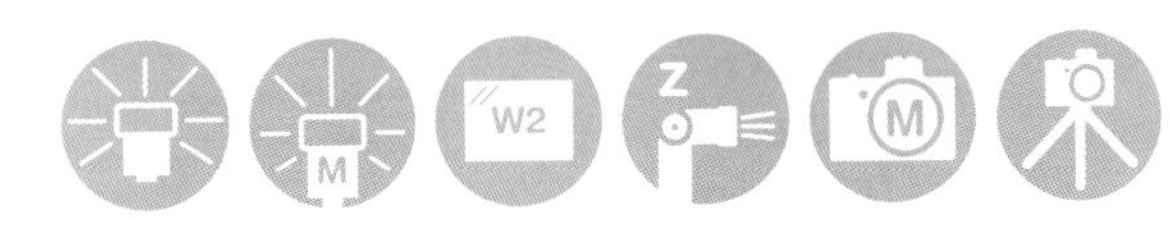

Dior
НИКОЛЬСКАЯ

莫斯科，俄罗斯

一位顾客快步穿越严寒，奔向红场上的精品店。如今，迪奥和阿玛尼要比马克思和列宁更能赢得消费阶层的心。

人们在看到三脚架时，常常有礼貌地绕开，避免从镜头前走过。然而，作为一名纪实摄影师，我通常希望人们能从画面中经过。因此，我经常使用快门线，并稍稍侧离我要拍摄的场景。我清楚地记得，这个匆匆穿过画面的女人在闪光弹出后转向我，对于糟蹋了这个镜头表示抱歉。她何尝知道，事实上，正是她令我开心了一整夜呢。

致　谢

感谢莫莉·彼得斯，约翰娜·雷诺斯，马克西姆·路德维希，马克西姆·库兹涅佐夫，谢尔盖·列扎诺夫，劳伦·格林菲尔德，劳伦·温德尔，道格拉斯，弗朗索瓦丝·柯克兰，以及《国家地理》杂志的编辑与摄影师同人。